UFOs am Edersee (Do 17.10.2019, 17:53 Uhr, Sichtung und Analyse) - Paranormale Phänomene/Plasma Kugeln/Energie Blasen im Kellerwald-Edersee National Park

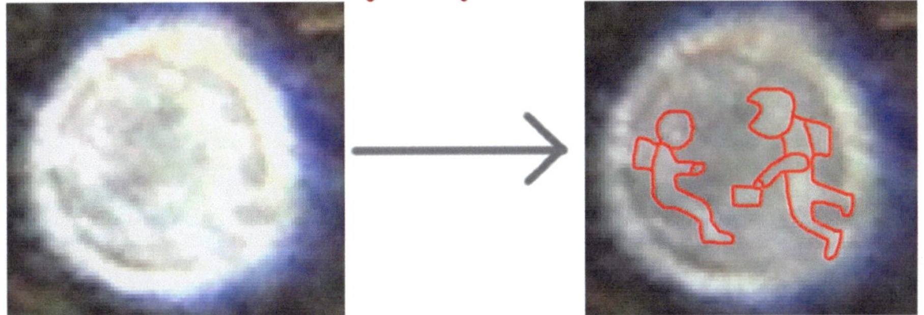

UFOs at the Edersee in Germany (sighting and analysis) - DEUTSCH/ENGLISCH

BoD – Books on Demand

Norderstedt, Germany 2019

Bibliografische Information durch die Deutsche Nationalbibliothek

Die Deutsche Nationalbibliothek verzeichnet diese Publikation in der Deutschen Nationalbibliografie; detaillierte bibliografische Daten sind im Internet über http://dnb.dnb.de abrufbar.

Herstellung und Verlag: BoD – Books on Demand, Norderstedt, Germany

ISBN 9-78374-9-48145-3

UFO Logbuch
Meine UFO-Sichtungen
Sültz Bücher
nb

Inhalt / Content

UFOs am Edersee

Dies ist eine wahre Beschreibung einer wahrscheinlichen UFO-Sichtung. Es wird detailgenau alles geschildert. Alle Bilder sind in Original-Zustand, nicht manipuliert. Wir haben versucht zu analysieren, was zu sehen ist. Bilden Sie sich bitte ein eigenes Urteil. Bei einem Bilde haben wir unseren Eindruck eingezeichnet, daneben sind freie Bilder, in denen Sie das zu erahnende einzeichnen können. Die Bilder im Text sind Vorschaubilder. Danach folgen Bilder in größter Auflösung. Wir garantieren, dass die Bilder nicht manipuliert und fortlaufend sind. Weiterhin haben wir alle relevanten Daten zusammengetragen:

Datum: 17.Oktober 2019

Genauer Ort: 51°10'34.9"N   8°57'10.7"E   Asel-Süd Eingang zum Nationalpark Kellerwald-Edersee

Uhrzeit: 17:50 Uhr

Kamera: CASIO EXILIM

Anwesende: Renate und Uwe H. Sültz

Sonnenuntergang: 18:07 Uhr

Mondaufgang: 20:05 Uhr

<u>Übersichtskarte:</u>

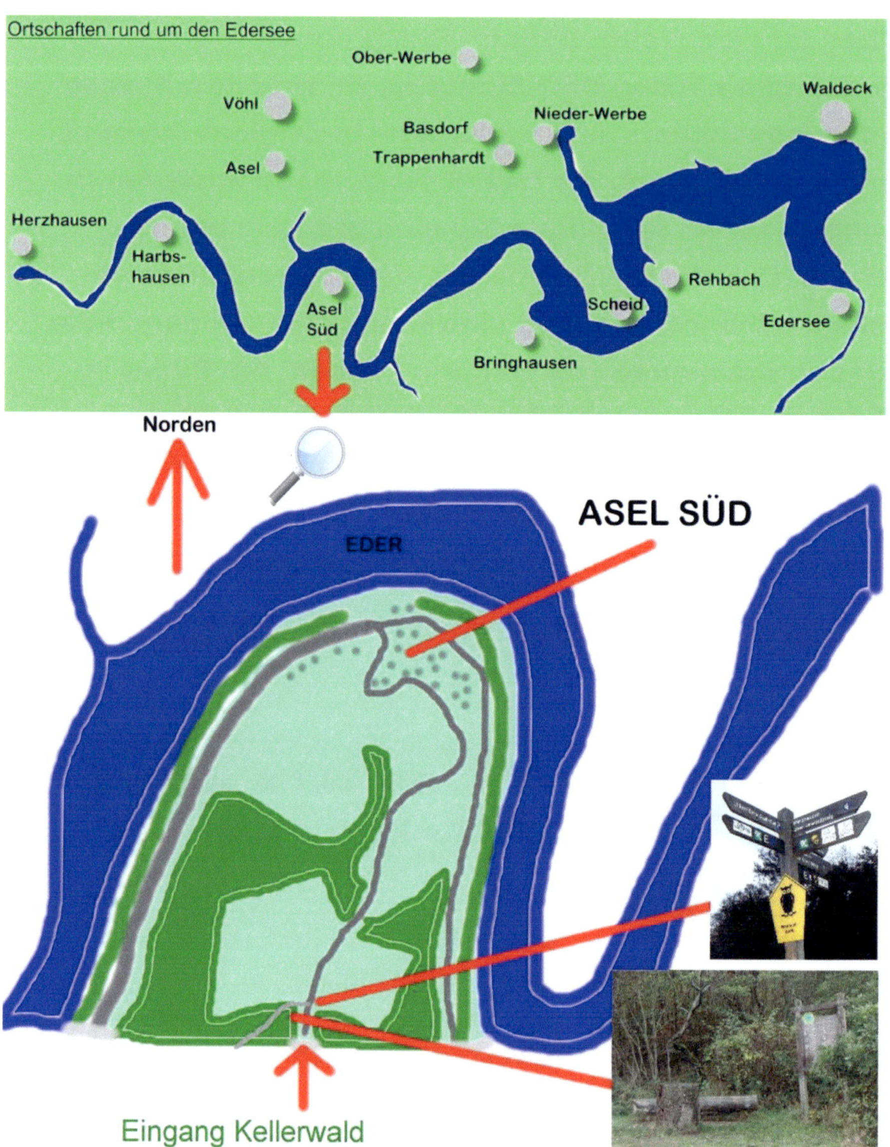

UFOs at the Edersee

This is a true description of a probable UFO sighting. Everything is described in detail. All pictures are in original condition, not manipulated. We tried to analyze what is to be seen. Please form your own judgment. In one picture we have drawn our impression, next to it are free pictures in which you can draw what you are watching. The images in the text are thumbnails. This is followed by images in the highest resolution.We guarantee that the images are not manipulated and continuous. Furthermore, we collected all relevant data:

Date: 17.October 2019

Exact location: 51 ° 10'34.9 "N 8 ° 57'10.7" E Asel-Süd Entrance to the Kellerwald-Edersee National Park

Time: 17:50 clock / 5:50 p.m.

Camera: CASIO EXILIM

Present: Renate and Uwe H. Sueltz

Sunset: 18:07 / 6:07 p.m.

Moonrise: 20:05 clock / 8:05 p.m.

<u>**Ablauf:**</u>

Für unser neues Kinderbuch benötigten wir weitere Fotos rund um den Edersee. Eine Geschichte soll sich im Nationalpark Kellerwald-Edersee abspielen. Das

Kinderbuch wird im November 2019 erscheinen. Die Geschichten sind geschrieben. Nun fehlt noch ein Bild vom Eingang in den Kellerwald in Asel-Süd. Dort steht eine Bank, die wir bei jedem Aufenthalt am Edersee besuchen und eine Brotzeit einlegen.

Das Bild rechts zeigt das bearbeitete Bild für das Kinderbuch ohne UFO. Das Bild unten ist ein Original.

Am darauffolgenden Tag mussten wir die Heimreise antreten. Bis etwa 17:30 Uhr waren wir im Café Raabe in Herzhausen. Um das letzte Bild noch bei Licht zu fotografieren, fuhren wir nun direkt nach Asel-Süd und weiter bis zum Eingang Kellerwald. Ab hier kann mit

dem PKW nicht weiter gefahren werden. Um zu zeigen wo wir uns, später die Leser sich, befinden, fotografierten wir zunächst das Richtungs- und Hinweisschild.

Das Auto stand in Richtung Süden. Aus dem Fahrerfenster fotografierte ich. Auch das Schiebedach war geöffnet. Die Fahrzeugbeleuchtung war eingeschaltet. Es hat nicht geregnet. Langsam bewegten wir uns auf die Bank zu, schwach ist das Licht des KFZ zu erkennen. Zwischen KFZ und der Bank gab es kein Hindernis. Die Kamera hielt ich nun oben aus dem Schiebedach und fotografierte mit Blitz. Langsam bewegten wir uns nun um das Richtungs- und Hinweisschild herum in Richtung Osten und fotografierten. Weiter ging es in Richtung Norden, ein weiteres Foto. Wir fuhren nun zurück zur Ferienwohnung. Fotografierten nun das Abendessen und

den Abschied. Dies sei erwähnt, da wir hier die Fotos im Original mit Fotonummern veröffentlichen, diese privaten Bilder fehlen also.

Nach dem Essen kontrollierten wir die Bilder und sahen zunächst diese grellen Punkte. Ich kontrollierte die Kameralinse, diese ist sauber gewesen. Nun diskutierten wir darüber. Mein Opa hatte früher Katzenaugen im Garten aufgestellt, um Vögel zu verjagen, die die Kirschen aßen. Heutzutage werden auch CDs aufgehängt, die reflektieren können. Oder war es der Mond oder die untergehende Sonne? Nach unserer Recherche ging der Mond erst um 20:05 Uhr auf. Und die Sonne geht im Westen unter, wir schossen das Bild mit den drei Objekten in Richtung Süden.

Also beschlossen wir, das Quartier schon um 9:30 Uhr, statt um 11 Uhr, zu verlassen. Wir stellten die gesamte Situation nochmals nach. Im Wald war kein Objekt zu finden, das reflektieren könnte.

Tage später kontrollierten wir alles auf dem Computer und sahen, dass noch viel mehr zu sehen war.

Originale Bilder, nur verkleinert.

<u>**Procedure:**</u>

For our new children's book we needed more photos around the Edersee. A story should take place in the Kellerwald-Edersee National Park. The children's book will be published in November 2019. The stories are written. Now a picture of the entrance to the Kellerwald in Asel-Süd is missing. There is a bank that we visit every time we stay at the Edersee and have a snack. The following day we had to travel home. Until about 17:30 o'clock we were in the Cafe Raabe in Herzhausen. To take the last picture in the light, we drove directly to Asel-Süd and on to the Kellerwald entrance. From here you can not continue with the car. There is always a learning effect in our children's books. In order to show where we (later the readers) are, we first photographed the direction and information sign.

The car was heading south. I photographed from the driver's window. Also the sunroof was open. The vehicle lighting was switched on. It has not rained. Slowly we moved towards the bank, the car's light is faintly discernible. I now held the camera out of the sunroof and took pictures with the flash. Slowly we moved around the direction and information sign around in the east and took pictures. We went further north, another photo. We drove back to the apartment. Photographed the dinner and the farewell.

This should be mentioned, since we publish here the photos in the original with photo numbers, so these private pictures are missing. After the meal we checked the pictures and saw these glaring dots. I checked the camera lens, it was clean. Now we discussed it. My grandfather used to put cat's eyes in the garden to chase away birds that ate the cherries. Today CDs are also hung that can reflect. Or was it the moon or the setting sun? According to our research, the moon did not open until 20:05. And the sun sets in the west, we shot the picture with the three objects to the south.

So we decided to leave the accommodation at 9:30 am instead of 11am. We adjusted the whole situation again. There was no object in the forest that could reflect.

Days later, we checked everything on the computer and saw that there was much more to see.

Die nachfolgenden Bilder zeigen das originale Bild und bearbeitete Bilder zur Erklärung:

The following pictures show the original picture and edited pictures for explanation:

Das Objekt ist vor den Ästen, wohl hinter der Bank, also etwa unter einem Meter groß.
UFOs ?
Abstand zwischen KFZ und Bank ca. 8 Meter

Herzhausen
über Urwaldsteig
Kirchl./Schmittlotheim
Sauhütte
2.8 km
Bringhausen
über Urwaldsteig
RW
E
RW

Wegfliegendes
Objekt
Herzhausen
über Urwaldsteig
Kirchl./Schmittlotheim
Sauhütte
2.8 km
Bringhausen
über Urwaldsteig
RW
E
RW

Kirchl./Schmittlotheim
2.8 km
Sauhütte
P Fähre Asel-Süd1,1 km
Bringhausen
über Urwaldsteig
E
RW
E
RW

Objekt wird kleiner,
fliegt also von uns
Kirchl./Schmittlotheim
2.8 km
Sauhütte
P Fähre Asel-Süd1,1 km
Bringhausen
über Urwaldsteig
E
RW
RW
E

16 Stunden später

Aus dem Schiebedach fotografiert

Aus dem Innenraum fotografiert

Unbearbeitet gespeichert

CIMG9206 - Windows-Fotoanzeige
ffnen
Herzhausen
über Urwaldsteig
Kirchl./Schmittlotheim   2,8 km
Sauhütte
Bringhausen
über Urwaldsteig
RW
E
E
RW

CIMG9207 - Windows-Fotoanzeige
Kirchl./Schmittlotheim
2,8 km
Sauhütte
Bringhausen
über Urwaldsteig
P Fähre Asel-Süd 1,1 km
RW
E
RW
E

Dieses Bild ist nicht relevant, es soll nur die fortlaufende Fotonummer dokumentieren. Weitere Bilder sind privat.

Screenshot mit Bildnummer 9215

16 Stunden später

16 Stunden später

Bild 19 ist aus dem KFZ-Innenraum fotografiert, um Spiegelungen zu zeigen. Alle Bilder sind nicht relevant für die Sachlage.

Nun folgen vergrößerte Bilder. Achten Sie mittig auf den Vergrößerungs-faktor in %. Bei der höchsten Stufe ist das Bild sehr pixelig. Dies soll zeigen, dass kein anderes Bild oder das UFO hineingearbeitet wurde.

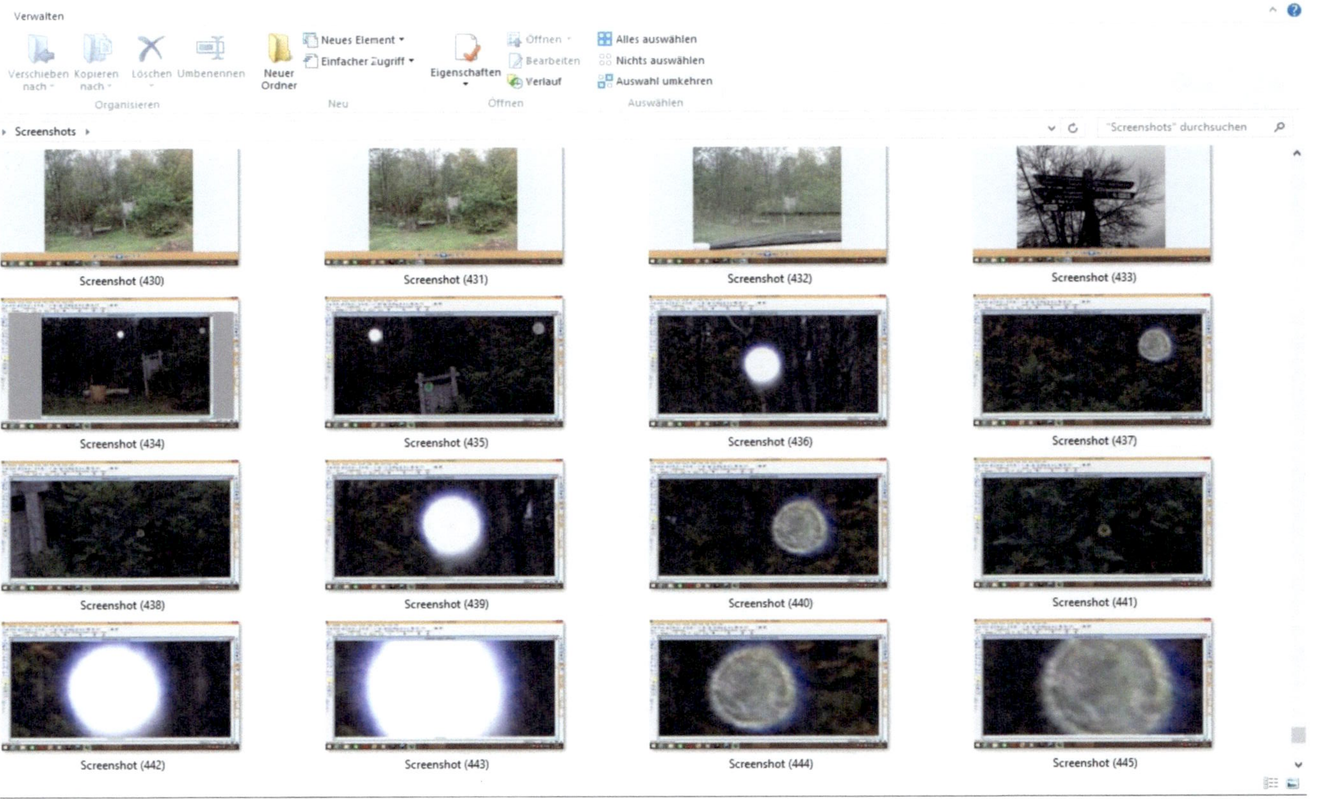

Verwalten
Verschieben nach ▾   Kopieren nach ▾   Löschen   Umbenennen   Neuer Ordner   Neues Element ▾   Einfacher Zugriff ▾   Eigenschaften   Öffnen ▾   Bearbeiten   Verlauf   Alles auswählen   Nichts auswählen   Auswahl umkehren
Organisieren   Neu   Öffnen   Auswählen
Screenshots
"Screenshots" durchsuchen
Screenshot (430)
Screenshot (431)
Screenshot (432)
Screenshot (433)
Screenshot (434)
Screenshot (435)
Screenshot (436)
Screenshot (437)
Screenshot (438)
Screenshot (439)
Screenshot (440)
Screenshot (441)
Screenshot (442)
Screenshot (443)
Screenshot (444)
Screenshot (445)

PhotoImpact - CIMG9205
rbeiten   Ansicht   Format   Auswahl   Objekt   Effekt   Web   Fenster   Hilfe
100%
Form   Fixgröße (in Pixel)   Vignette   Zuschneiden   Auf Objekten auswählen   Optionen   Anfügen
Rechteck   100   100   0
CIMG9205 (100%) 2304x1728

PhotoImpact - CIMG9205
Bearbeiten Ansicht Format Auswahl Objekt Effekt Web Fenster Hilfe
Form
Rechteck
Fixgröße (in Pixel)
100
100
Vignette
0
Zuschneiden
Auf Objekten auswählen
Optionen
Anfügen
CIMG9205 (300%) 2304x1728

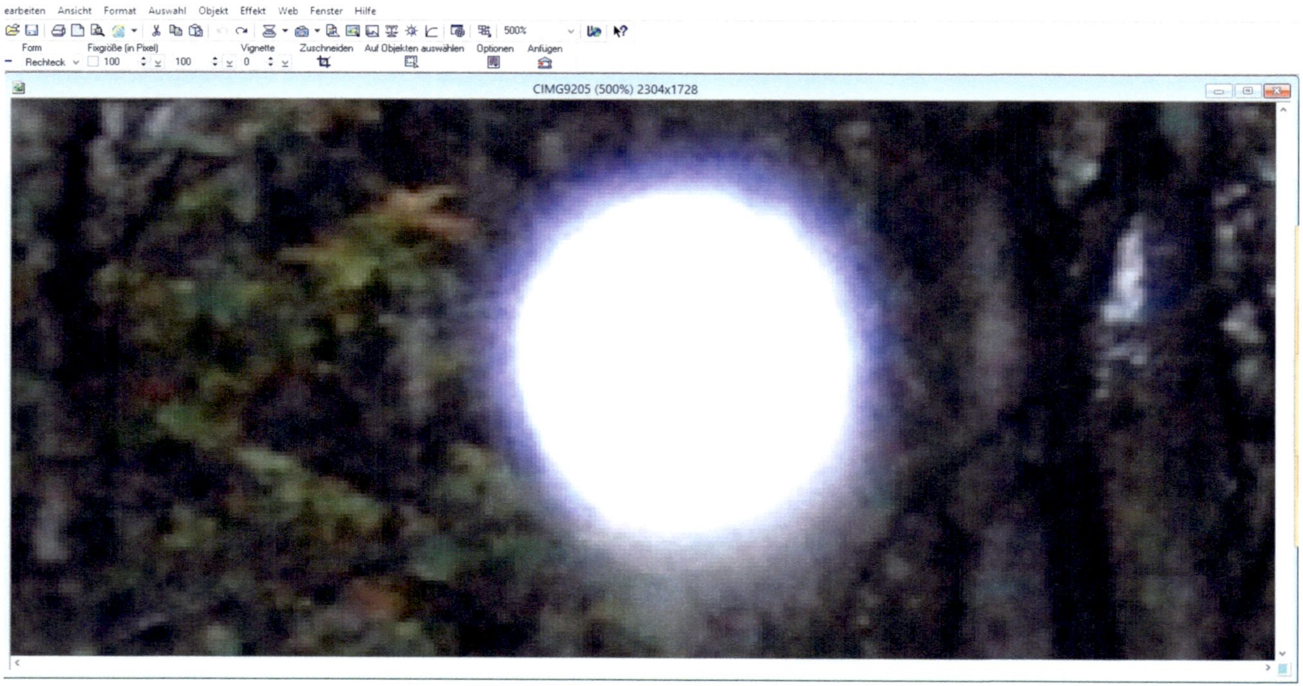

earbeiten Ansicht Format Auswahl Objekt Effekt Web Fenster Hilfe

Form Fixgröße (in Pixel) Vignette Zuschneiden Auf Objekten auswählen Optionen Anfügen
Rechteck   100   100   0

500%

CIMG9205 (500%) 2304x1728

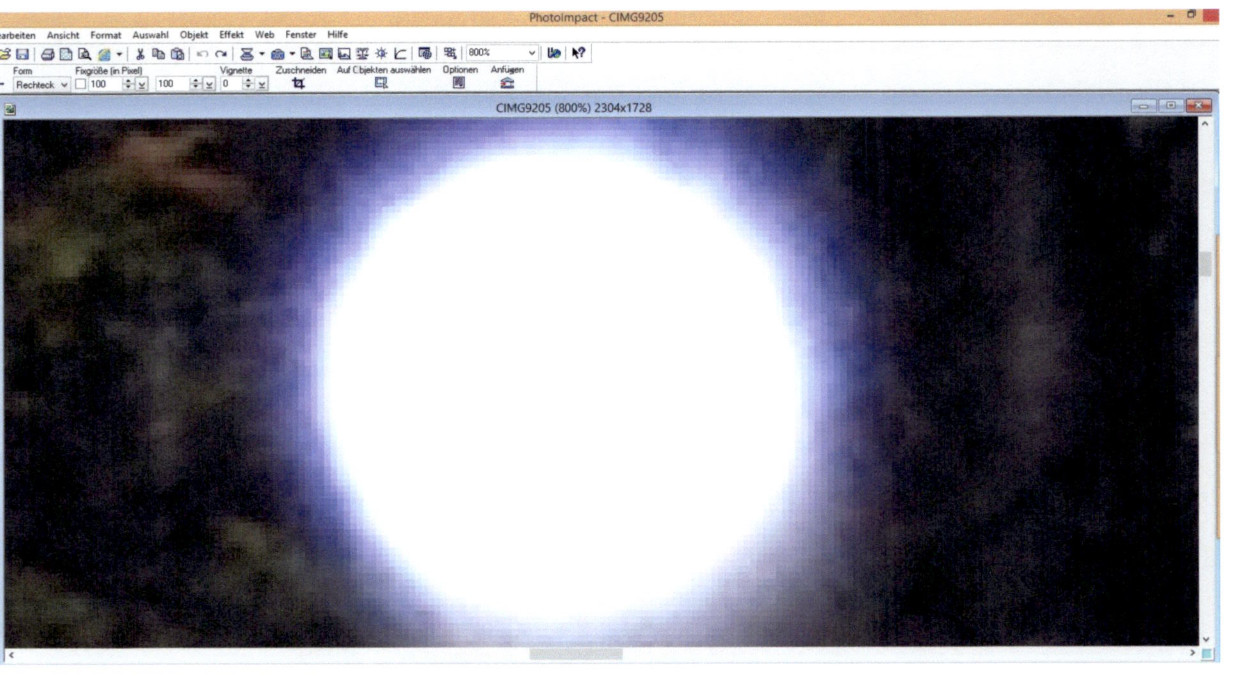

PhotoImpact - CIMG9205
Bearbeiten Ansicht Format Auswahl Objekt Effekt Web Fenster Hilfe
800%
Form
Rechteck
Fixgröße (in Pixel)
100
100
Vignette
0
Zuschneiden
Auf Objekten auswählen
Optionen
Anfügen
CIMG9205 (800%) 2304x1728

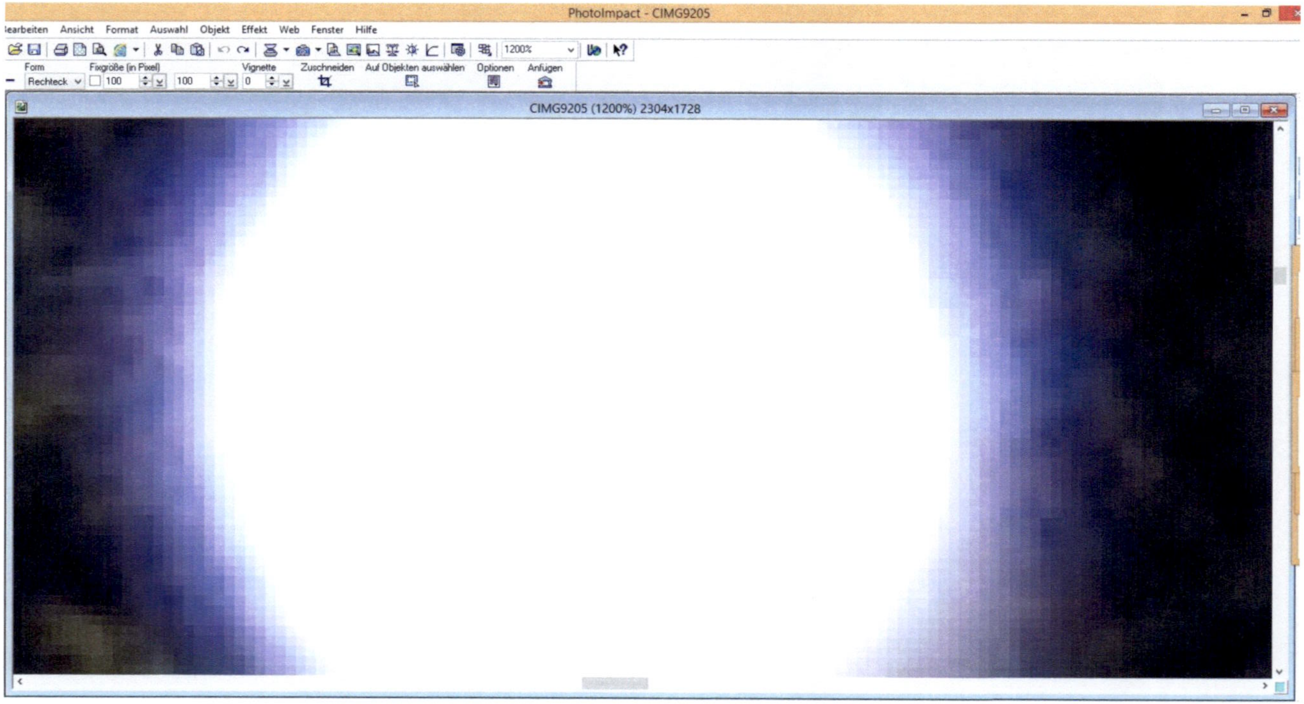

PhotoImpact - CIMG9205
Bearbeiten   Ansicht   Format   Auswahl   Objekt   Effekt   Web   Fenster   Hilfe
1200%
Form   Fixgröße (in Pixel)   Vignette   Zuschneiden   Auf Objekten auswählen   Optionen   Anfügen
Rechteck   100   100   0
CIMG9205 (1200%) 2304x1728

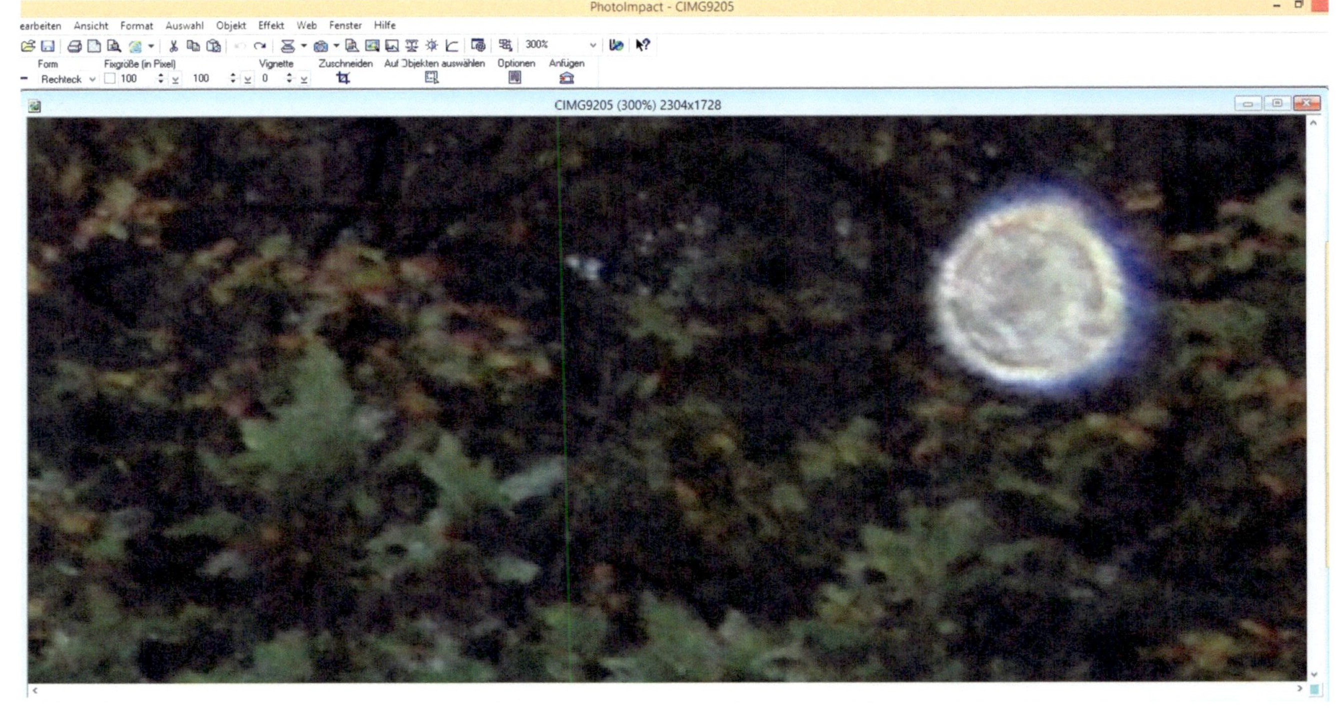

PhotoImpact - CIMG9205
earbeiten   Ansicht   Format   Auswahl   Objekt   Effekt   Web   Fenster   Hilfe
Form   Fixgröße (in Pixel)   Vignette   Zuschneiden   Auf Objekten auswählen   Optionen   Anfügen
Rechteck   100   100   0
CIMG9205 (300%) 2304x1728

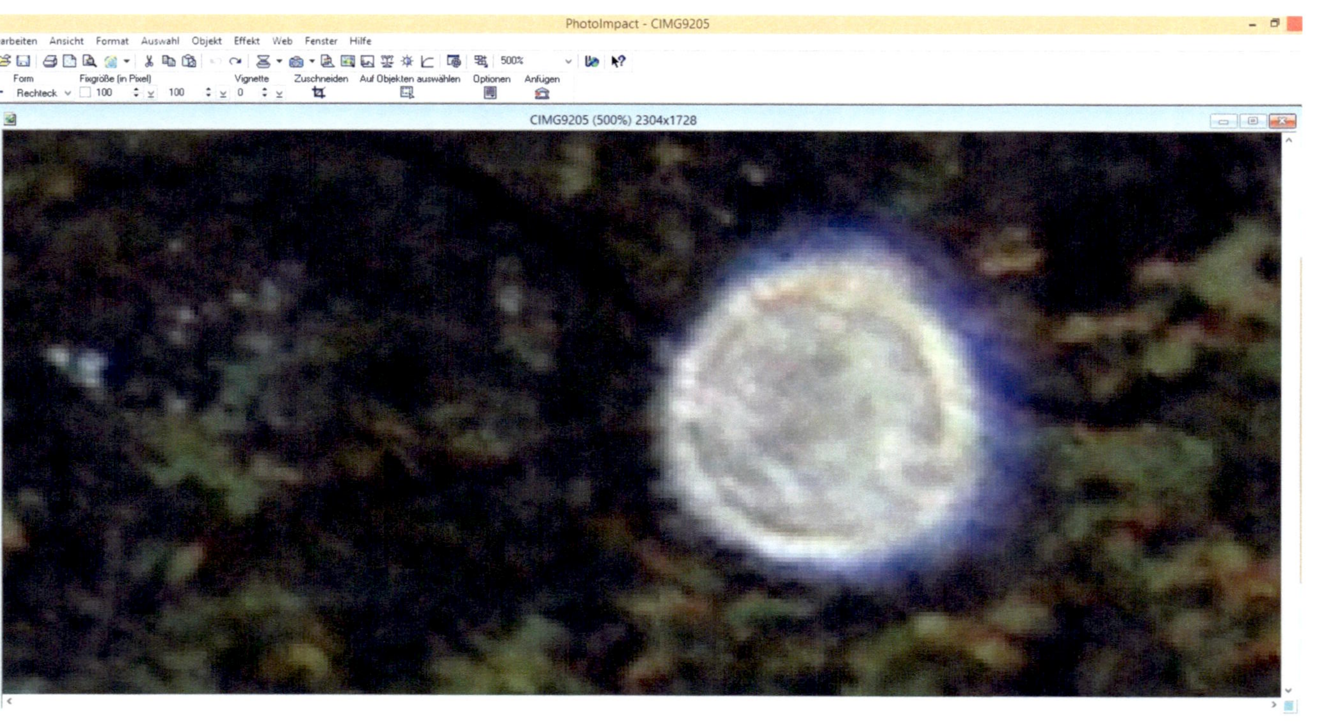

PhotoImpact - CIMG9205
Bearbeiten Ansicht Format Auswahl Objekt Effekt Web Fenster Hilfe
Form Fixgröße (in Pixel) Vignette Zuschneiden Auf Objekten auswählen Optionen Anfügen
Rechteck 100 100 0
500%
CIMG9205 (500%) 2304x1728

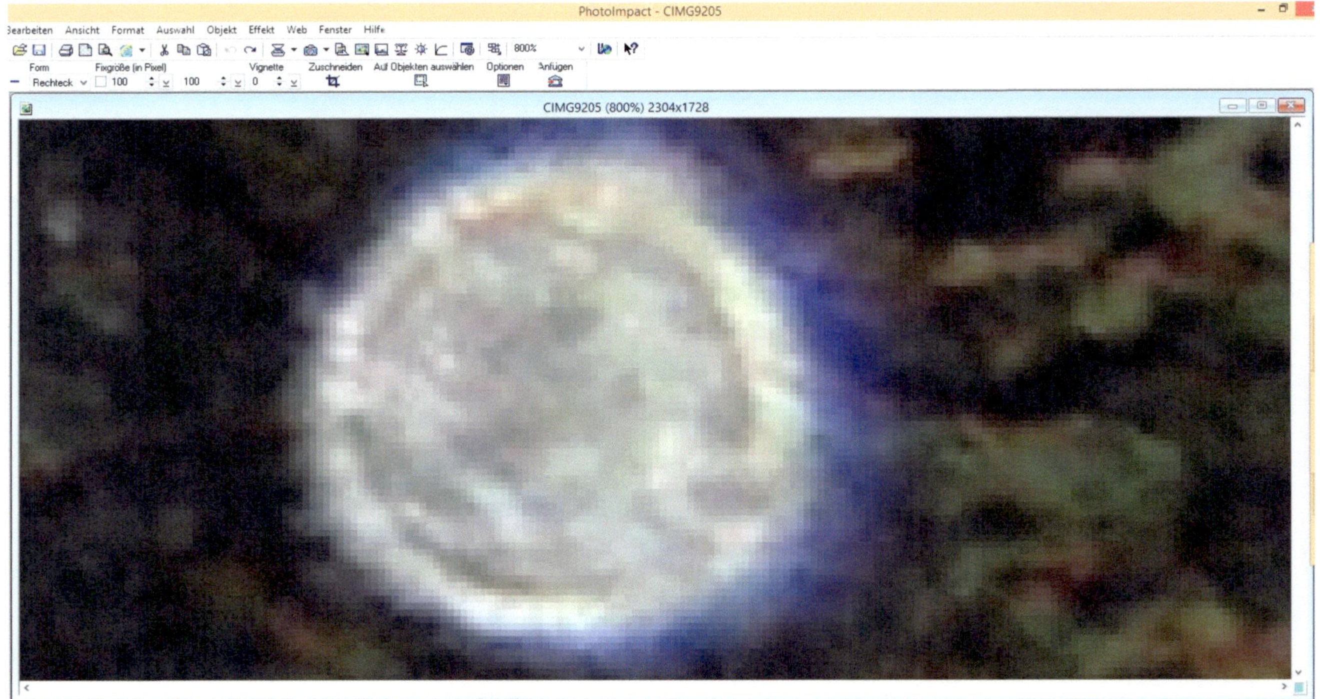

PhotoImpact - CIMG9205
Bearbeiten Ansicht Format Auswahl Objekt Effekt Web Fenster Hilfe
Form Fixgröße (in Pixel) Vignette Zuschneiden Auf Objekten auswählen Optionen Anfügen
Rechteck 100 100 0
800%
CIMG9205 (800%) 2304x1728

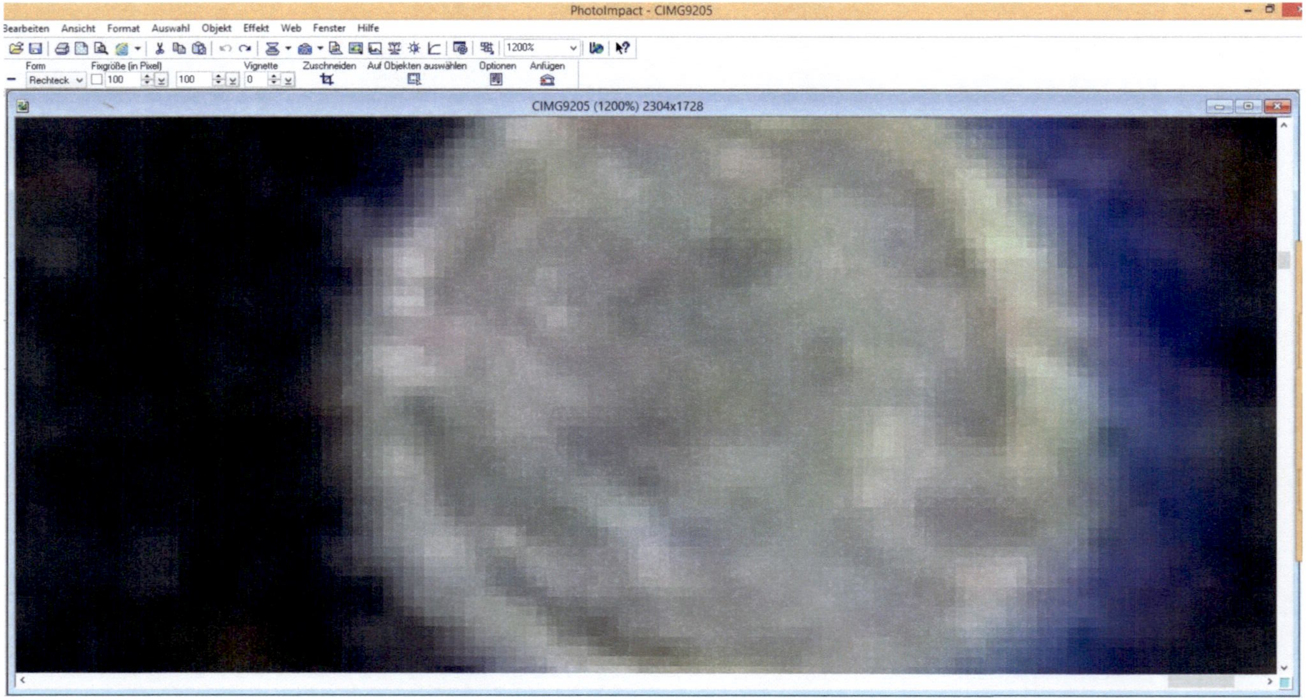

PhotoImpact - CIMG9205
Bearbeiten   Ansicht   Format   Auswahl   Objekt   Effekt   Web   Fenster   Hilfe
1200%
Form   FixgröÃe (in Pixel)   Vignette   Zuschneiden   Auf Objekten auswählen   Optionen   Anfügen
Rechteck   100   100   0
CIMG9205 (1200%) 2304x1728

PhotoImpact - CIMG9205
Bearbeiten Ansicht Format Auswahl Objekt Effekt Web Fenster Hilfe
300%
Form   FixgröBe (in Pixel)   Vignette   Zuschneiden   Aus Objekten auswählen   Optionen   Anfügen
Rechteck   100   100   0
CIMG9205 (300%) 2304x1728

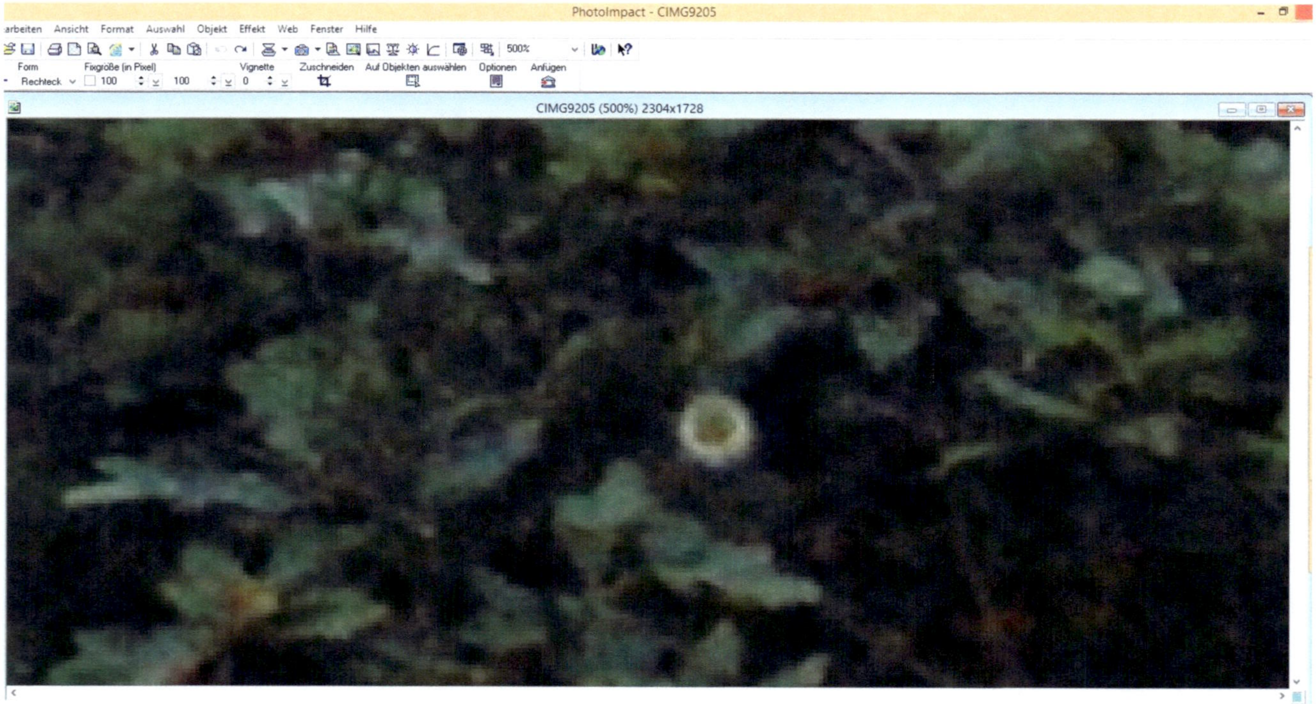

PhotoImpact - CIMG9205
arbeiten Ansicht Format Auswahl Objekt Effekt Web Fenster Hilfe
500%
Form Fixgröße (in Pixel) Vignette Zuschneiden Auf Objekten auswählen Optionen Anfügen
Rechteck 100 100 0
CIMG9205 (500%) 2304x1728

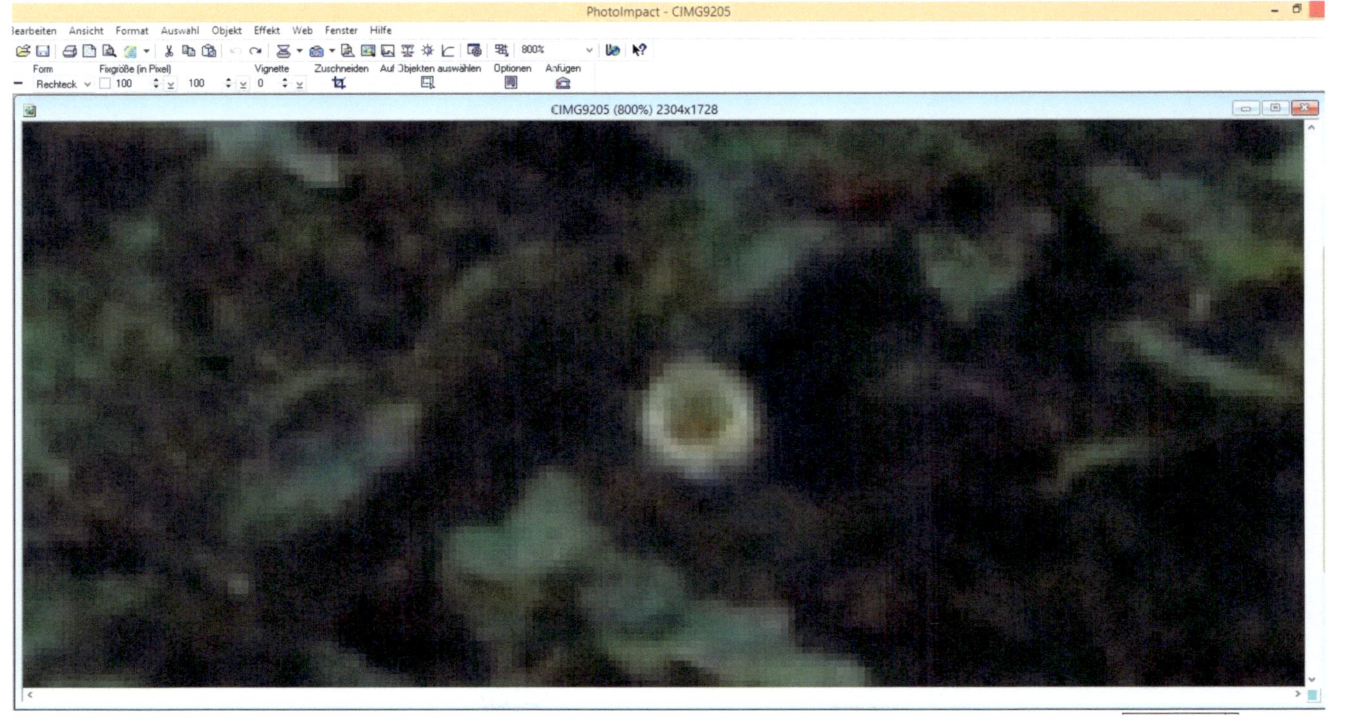

PhotoImpact - CIMG9205
Bearbeiten   Ansicht   Format   Auswahl   Objekt   Effekt   Web   Fenster   Hilfe
800%
Form   Fixgröße (in Pixel)   Vignette   Zuschneiden   Auf Objekten auswählen   Optionen   Anfügen
Rechteck   100   100   0
CIMG9205 (800%) 2304x1728

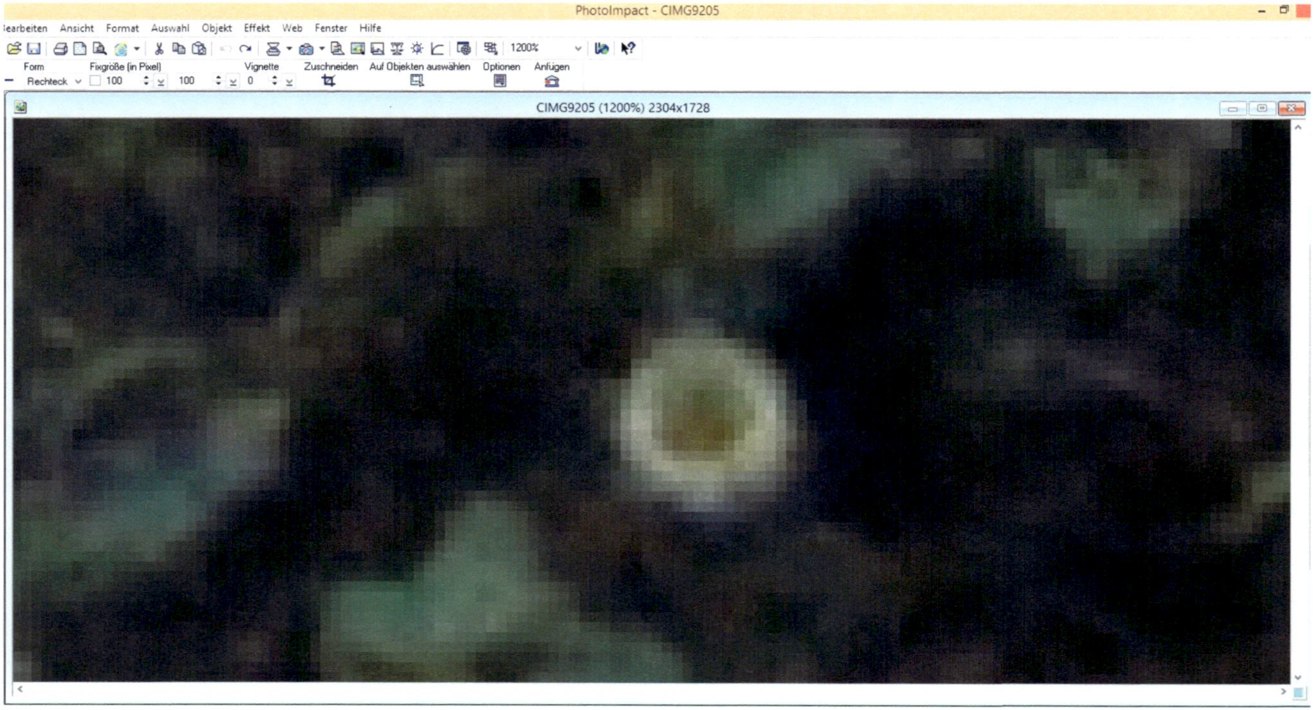

PhotoImpact - CIMG9205

Bearbeiten Ansicht Format Auswahl Objekt Effekt Web Fenster Hilfe

1200%

Form   Fixgröße (in Pixel)   Vignette   Zuschneiden   Auf Objekten auswählen   Optionen   Anfügen
Rechteck   100   100   0

CIMG9205 (1200%) 2304x1728

Nun kommt unsere Fantasie hinzu. Unabhängig voneinander haben wir folgende Formen gesehen. Aber wie gesagt, das ist unsere Auffassung. Was sehen Sie? Zeichnen Sie doch auch einmal das ein, was Sie erkennen:

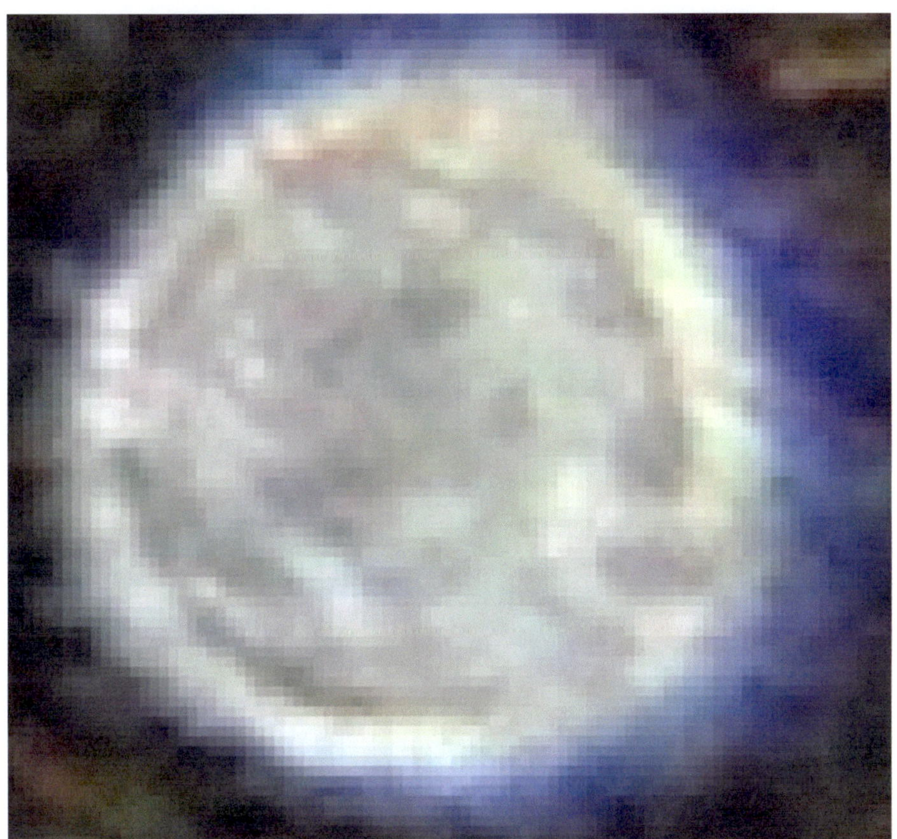

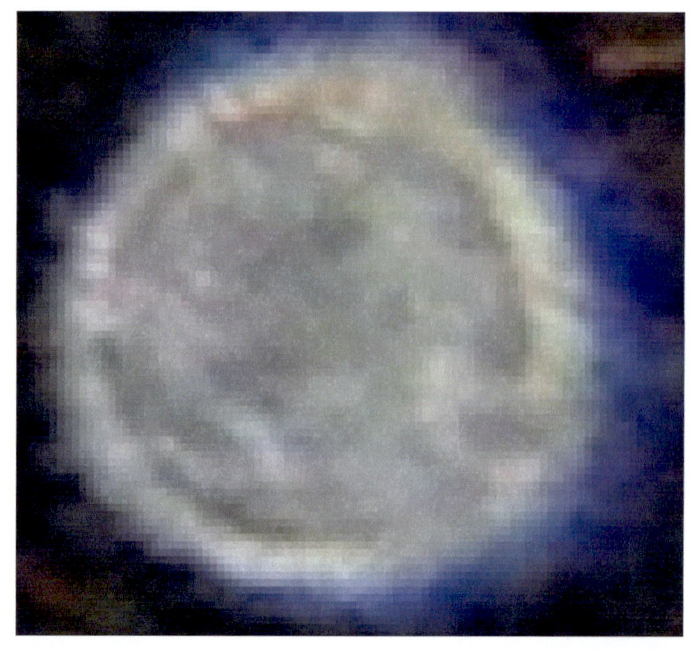

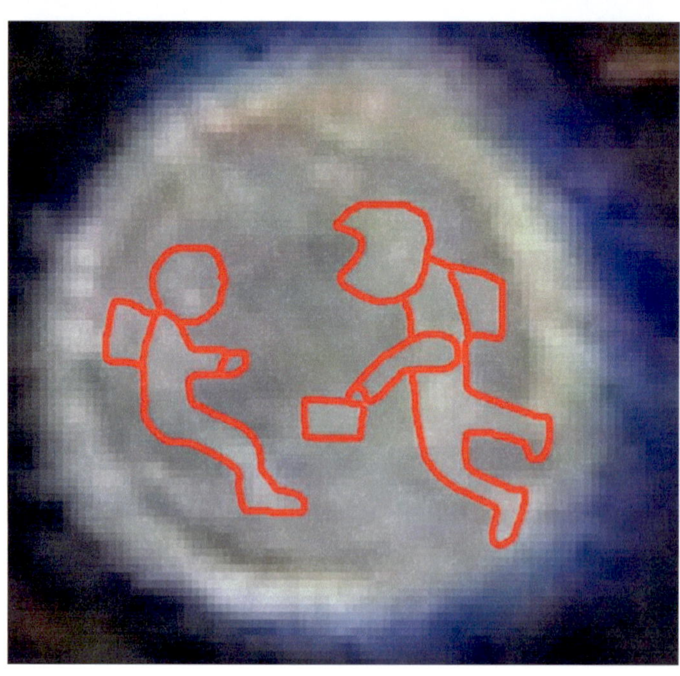

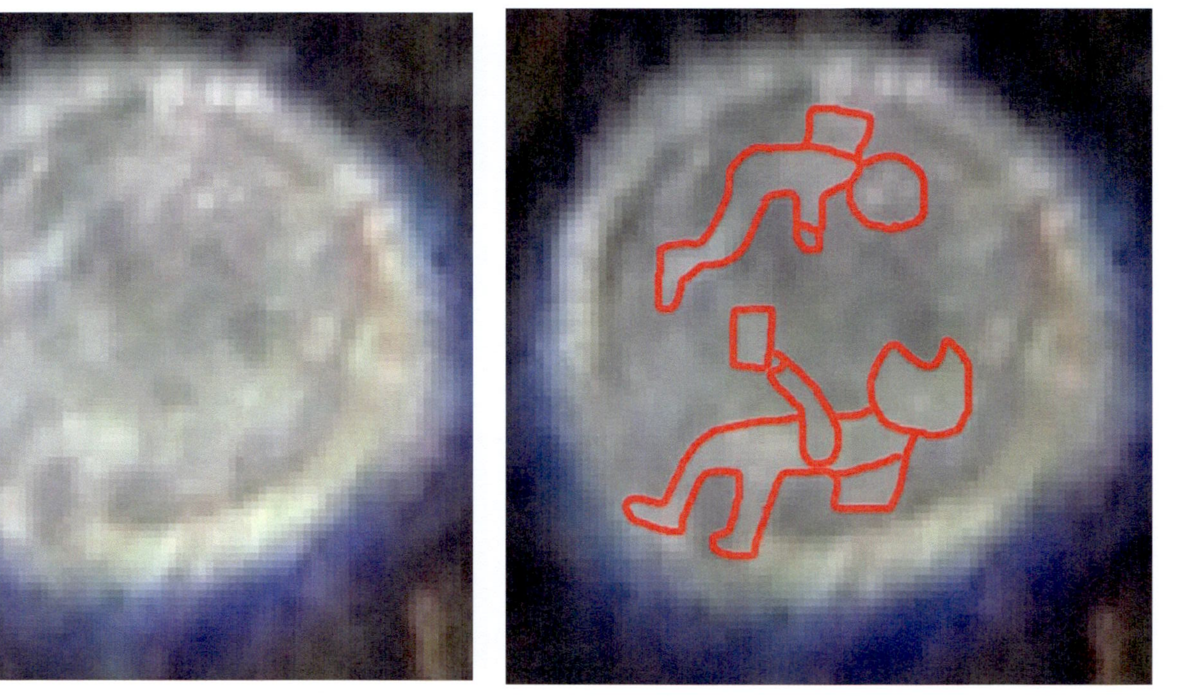

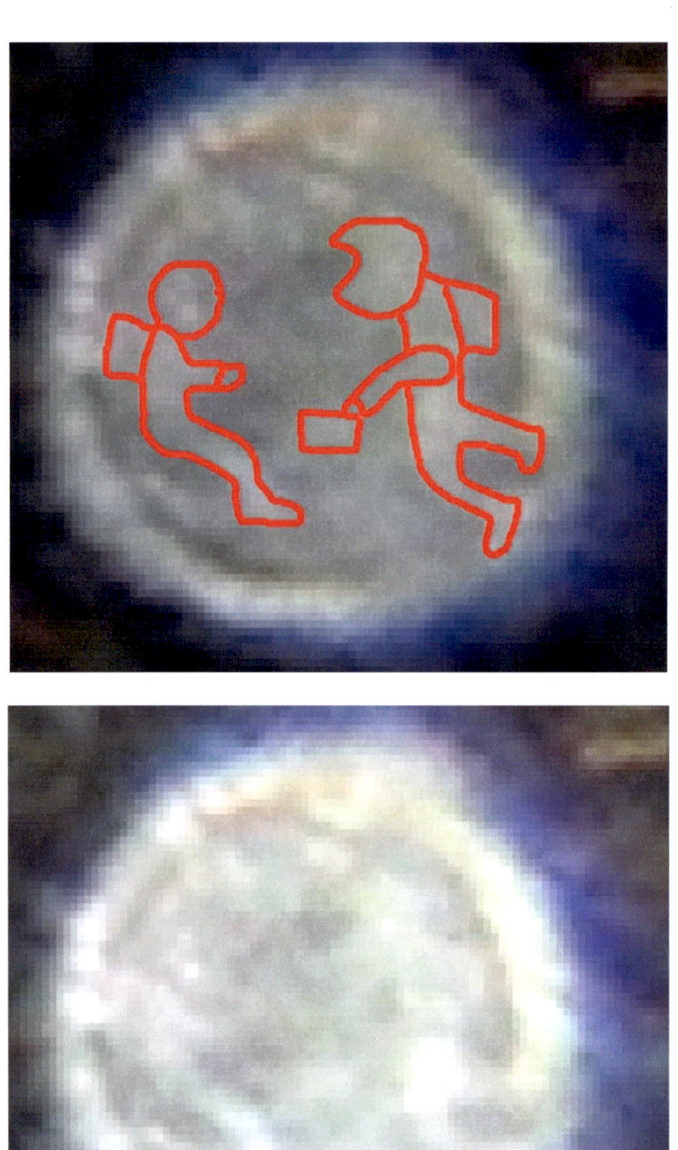

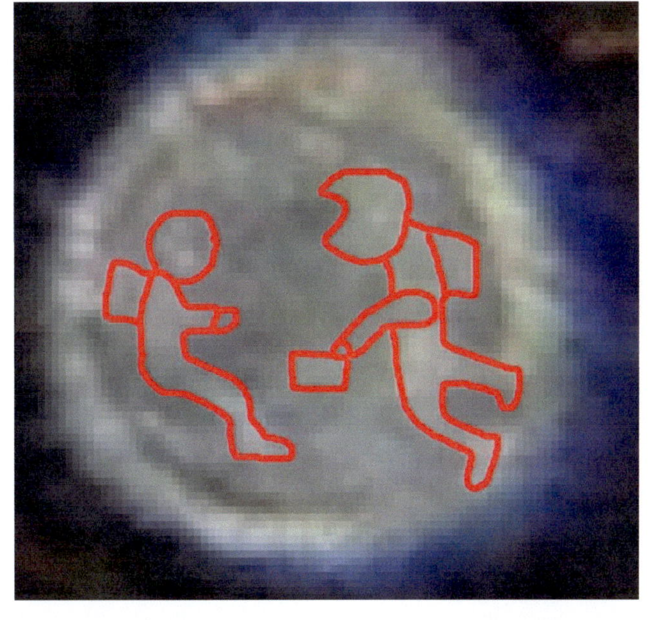

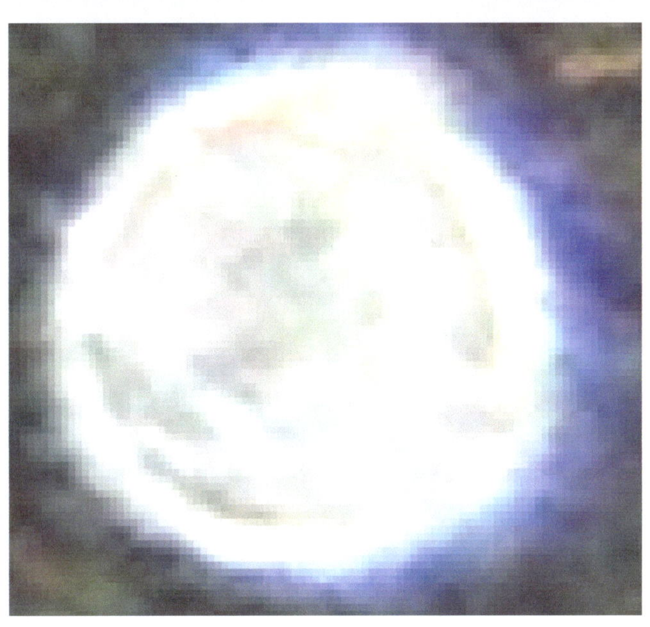

Unsere Kamera:

Nichts stand zwischen KFZ und UFO:

Wir wissen nicht, was diese Erscheinung gewesen ist. Behaupten können wir nichts. Die Bilder wollten wir erst löschen. Bei der Recherche im Internet wurden aber genau diese Erscheinungen in Youtube gezeigt. Weltweit sollen sie auftreten. Man nennt sie Plasma-Kugel oder Energie-Blase. Wir können lediglich garantieren, dass nichts manipuliert wurde. Für externe Untersuchungen stellen wir die Dateien gern zur Verfügung.

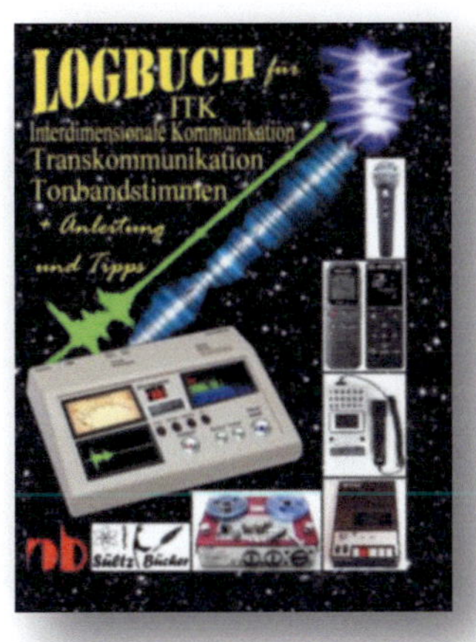

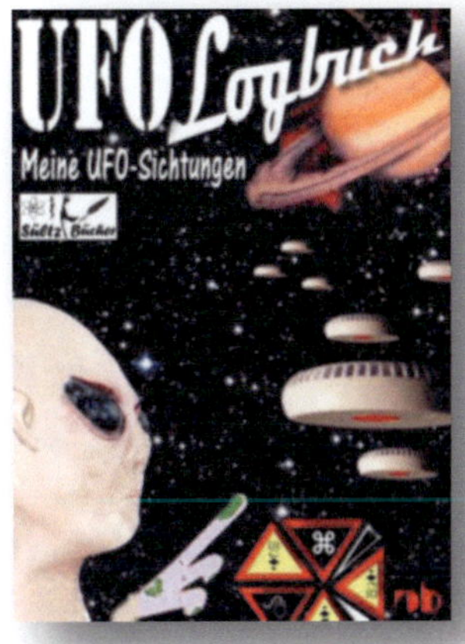

Danke für Ihr Interesse

Renate & Uwe H. Sültz

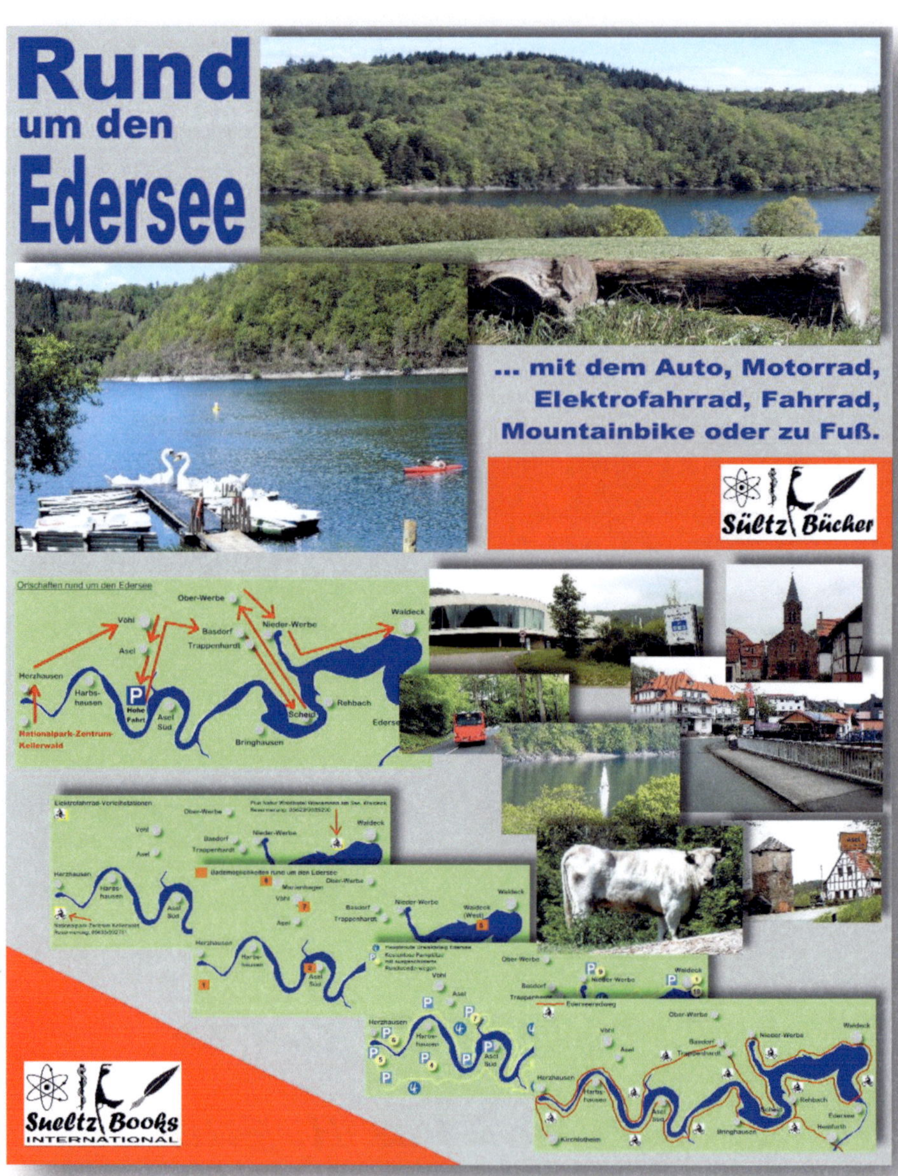

Rund
um den
Edersee

... mit dem Auto, Motorrad,
Elektrofahrrad, Fahrrad,
Mountainbike oder zu Fuß.

Sültz Bücher

Sueltz Books
INTERNATIONAL

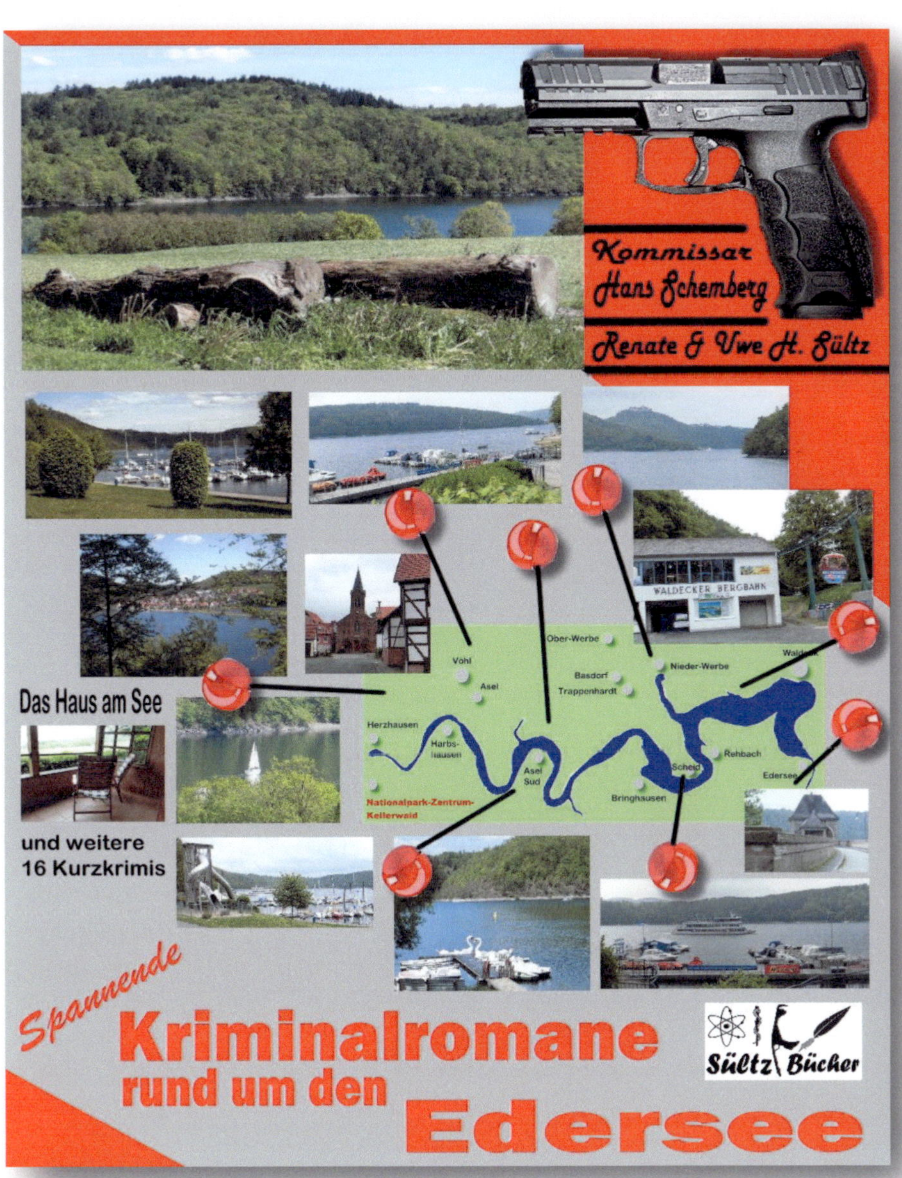

Kommissar
Hans Schemberg
Renate & Uwe H. Sültz

Das Haus am See

und weitere
16 Kurzkrimis

Vohl
Ober-Werbe
Asel
Basdorf
Trappenhardt
Nieder-Werbe
Wald...
Herzhausen
Harbs-
hausen
Rehbach
Asel
Sud
Scheid
Edersee
Nationalpark-Zentrum-
Kellerwald
Bringhausen

WALDECKER BERGBAHN

Spannende
Kriminalromane
rund um den
Edersee

Sültz Bücher

Sültz Bücher
Sylt
Inselgeheimnisse